财富的秘密

乐凡　唯智 著　段张取艺 绘

電子工業出版社
Publishing House of Electronics Industry
北京·BEIJING

理财先生金钱豹在动物城的中心广场上贴了一张告示。动物城的小动物们看到这张告示后，都很好奇理财先生要讲的“财富的秘密”是什么。

秘密”茶话会欢迎你们
间：星期日下午2:00-5:00
点：金钱豹公寓

星期日到了，小动物们迫不及待地赶到金钱豹公寓。

“欢迎你们，我亲爱的朋友们！”理财先生热情地迎接他的客人们，“下午茶已经准备好了，茶话会马上就可以开始！”

时钟刚刚敲了两下后，“财富的秘密”茶话会开始了。

大眼猴最先开了口：“理财先生，财富到底有什么秘密呀？”

理财先生神秘地笑了笑，拿出三个锦囊依次放在桌子上。

“财富的秘密就藏在这三个锦囊里。”理财先生说，“你们想知道锦囊里装着什么吗？”

“想！”三个锦囊勾起了大家强烈的好奇心。

“谁愿意先打开第一个锦囊？”

“我！”刺儿头高高地举起了手。

梦想

刺儿头小心翼翼地打开第一个锦囊，从里面取出一个小纸条，上面写着“梦想”。

“梦想和财富有什么关系？”刺儿头疑惑不解。

理财先生慢条斯理地抿了口茶，说：“表面上看起来梦想和财富好像没有什么关系，但我想说的是，大多数时候，财富会更爱勇于实现梦想的人。”

小动物们你看看我，我看看你，有些不太明白。

“大家想想看，梦想是什么？梦想是你内心中最愿意去做的事情，是你追逐它时感觉最快乐、最幸福的事情。在追逐梦想的过程中，人们会遇到各种各样的阻力和困难。那些为了梦想坚持不懈，并最终实现梦想的人，往往能够得到更多的奖赏，而财富就是其中的一种。”

“我还以为人们是因为追逐财富才感到快乐和幸福的。”大眼猴说。

“这是人们经常会犯的一个错误。实际上，人们通过认识自己，找寻热爱的事情，树立目标和梦想，并为了这些而不断努力时，才会真正感到快乐和幸福。仅仅为了追逐财富而去做一件事情，往往不能如愿以偿；但为了梦想去做一件事情，财富却可能随之而来。”

“那我得好好想想，我的梦想是什么。”大眼猴思索着说，“我还从来没有认真想过这件事情。”

“没关系，你可以慢慢去探索。每个人都可以有属于自己的独特梦想，找到它并勇敢地实现它，你就能亲身体会到财富的第一个秘密。”理财先生捻了捻自己的胡须，意味深长地说。

“好了，第一个秘密已经揭晓，现在谁来揭晓第二个秘密？”理财先生问道。

“我！”粉粉猪一边把蛋糕往嘴里塞，一边高高地举起了手，生怕错过了揭秘的好机会。

她拿起第二个锦囊，飞快地打开，取出里面的纸条，念道：“能力！”

“能力？”小动物们议论纷纷，“为什么是能力呢？能力和财富有什么关系？”

能力
3

“对，就是能力。”理财先生微笑着说，“能力是你拥有的本领，财富会更爱本领高强的人。”

“这个我明白！比如说做蛋糕，谁的蛋糕做得更美味，谁就会有更多的顾客，就能赚到更多的钱！”粉粉猪说。

“没错，无论做什么工作，只有那些不断提升自身本领的人，才有可能拥有更强的赚取财富的能力。”

“我的梦想是每天睡到自然醒，不用去上学！现在看来，这样是不行的，天天睡觉就学不到本领啦！”粉粉猪一本正经地说。

“哈哈，是的。光有梦想是不够的，还得有能力，要学好本领。”理财先生笑眯眯地说，“能力只靠想是不行的，必须靠行动。只有坚持不懈地努力，才有可能拥有超凡的能力。”

“看来想要拥有财富，还真不是件容易的事情呀！”小动物们纷纷感叹。

“现在还剩下最后一个秘密，由谁来揭晓呢？”理财先生指着第三个锦囊问大家。

“我……”一个小小的声音传来，原来是胆小兔。

理财先生把第三个锦囊递给了胆小兔。胆小兔小心翼翼地打开，说：“品格？”

“是品格，而且这是‘财富的秘密’中最重要的一个。”理财先生大声地说。

“品格？”

“品格怎么会与财富有关呢？”

“而且它是最重要的？理财先生，您不会弄错了吧？”

小动物们你一言我一语地议论着。

“因为品格决定了财富的意义。”理财先生说，“品格是指一个人是否善良、仁慈、友好、慷慨、值得信赖等。”

“那么，有了美好的品格就能拥有财富吗？”壮壮牛不解地问。

“不是的，但财富会因为这些美好的品格而变得更有价值。”

“一个具备美好品格的人拥有了财富，才会让财富发挥更大的作用。比如说，他会愿意帮助穷苦的人，会想办法让社会和环境变得更好。”理财先生说，“而且，他会因为这样做而觉得更快乐、更幸福。

“哇，这样的人真是值得尊敬呀！”壮壮牛由衷地赞叹道，“这样的话，他的财富不只是自己的，还会成为更多人的财富。”

“是的。相反，如果财富被品格低劣的人所拥有，情况就会大不一样。”理财先生的声音变得严肃起来，“比如一个贪婪的人拥有财富，他会变得更加不择手段，甚至不惜通过伤害他人或破坏规则等手段来获取更多的财富；一个吝啬自私的人拥有财富，他不会愿意帮助穷苦的人，更不会为拥有一个更美好的社会和环境而承担责任。”

“财富本身并没有好坏之分，而是取决于拥有它的人如何获得和使用它。所以，人的品格就成了财富最重要的秘密。”

在公寓前的草坪上，理财先生指了指大树，说：“你们看，财富就像这棵大树，它之所以能够长得这么高，是因为它的根扎得很深。而美好的梦想、卓越的能力和优秀的品格就像是财富之树的根。”

“当这棵树还小的时候，它可以保护身边的花草；当它变成参天大树时，它又能为更多的花草和动物遮风挡雨。我希望你们都能拥有这样的财富之树。”理财先生对小动物们充满期待地说道。

茶话会结束了，小动物们依依不舍地离开了理财先生的公寓。他们都觉得今天收获太大了！

亲爱的小朋友，你收到理财先生的三个财富锦囊了吗？希望你在成长的道路上可以把这三个锦囊装进脑海里，让它们陪伴着你找到属于自己的财富之树。

图书在版编目（CIP）数据

理财真好玩. 财富的秘密 / 乐凡，唯智著；段张取艺绘. --北京：电子工业出版社，2020.11

ISBN 978-7-121-39720-2

Ⅰ. ①理… Ⅱ. ①乐… ②唯… ③段… Ⅲ. ①财务管理—少儿读物 Ⅳ. ①TS976.15-49

中国版本图书馆CIP数据核字（2020）第189275号

责任编辑：王　丹　文字编辑：冯曙琼
印　　刷：北京缤索印刷有限公司
装　　订：北京缤索印刷有限公司
出版发行：电子工业出版社
　　　　　北京市海淀区万寿路173信箱　邮编：100036
开　　本：889×1194　1/24　　印张：8.25　　字数：126.1千字
版　　次：2020年11月第1版
印　　次：2024年9月第5次印刷
定　　价：99.00元（全6册）

凡所购买电子工业出版社图书有缺损问题，请向购买书店调换。若书店售缺，请与本社发行部联系，联系及邮购电话：（010）88254888，88258888。

质量投诉请发邮件至zlts@phei.com.cn，盗版侵权举报请发邮件至dbqq@phei.com.cn。

本书咨询联系方式：（010）88254161转1823。